BEI GRIN MACHT SICH IHR WISSEN BEZAHLT

Bibliografische Information der Deutschen Nationalbibliothek:

Die Deutsche Bibliothek verzeichnet diese Publikation in der Deutschen National-
bibliografie; detaillierte bibliografische Daten sind im Internet über http://dnb.d-
nb.de/ abrufbar.

Impressum:

Copyright © 2009 GRIN Verlag, Open Publishing GmbH
Druck und Bindung: Books on Demand GmbH, Norderstedt Germany
ISBN: 9783640649471

Dieses Buch bei GRIN:

http://www.grin.com/de/e-book/153045/die-globale-finanz-und-wirtschaftskrise-
von-2007-bis-dato

Martin Krüger

Die globale Finanz- und Wirtschaftskrise von 2007 bis dato

Entstehung, Folgen, Lösungsansätze und vorbeugende Maßnahmen

GRIN Verlag

GRIN - Your knowledge has value

Der GRIN Verlag publiziert seit 1998 wissenschaftliche Arbeiten von Studenten, Hochschullehrern und anderen Akademikern als eBook und gedrucktes Buch. Die Verlagswebsite www.grin.com ist die ideale Plattform zur Veröffentlichung von Hausarbeiten, Abschlussarbeiten, wissenschaftlichen Aufsätzen, Dissertationen und Fachbüchern.

Universität Potsdam
Mathematisch-Naturwissenschaftliche Fakultät
Geographisches Institut

Studienarbeit

Die globale Finanz- u. Wirtschaftskrise von 2007 bis dato.

Entstehung, Folgen, Lösungsansätze und vorbeugende Maßnahmen.

Inhaltsverzeichnis

Einleitung

Mit dem finanziellen Ruin der einst so stolzen Investmentbank Lehman Brothers brach am 15. September 2008 die Wall Street zusammen, das Herz des globalen Kapitalismus, andere entkamen diesem Schicksal nur mit Mühe und Not. Beispielsweise suchte der größte Versicherungskonzern der Welt AIG die rettende Unterstützung des amerikanischen Staates. Dieser Montag „ […] gilt seither als Wendepunkt der Geschichte, als der Tag, an dem der Kapitalismus in seine größte Krise seit acht Jahrzehnten gestürzt wurde."[1] Seit dem Untergang des Sozialismus, vor zwei Jahrzehnten, infolgedessen das Sowjetreich und somit der Ostblock zusammenbrach, war der Kapitalismus nun die führende und siegreichste Gesellschaftsform im Kampf der Systeme. Die Marktwirtschaft lebte auf und triumphierte, denn diese Form des Wirtschaftens eroberte beinahe die ges. Welt und oftmals ging dies mit einer Demokratisierung der Länder einher. In Asien und den arabischen Staaten entwickelte sich der Kapitalismus hin zu einer autoritären Form ohne, dass das Volk mehr an Macht gewann. Viele Experten glaubten anfangs, dass dieses Modell widerstandsfähiger sei als der westliche Kapitalismus, aber jetzt, während der schwersten globalen Wirtschaftskrise seit etwa 80 Jahren, zeigt sich, dass beide Kapitalismusformen, der westlich-liberale sowie der östlich-autoritäre, gleichschwer betroffen sind und mit den jeweiligen Folgen zu kämpfen haben[2]. Bekanntlich hat sich die Krise, die einst am amerikanischen Immobilienmarkt begann, bereits zu einem globalen Problem entwickelt, von dem alle Staaten der Welt mehr oder minder betroffen sind und in Anbetracht dessen macht die jüngste Weltwirtschaftskrise keinen Unterschied zwischen Industrie-, Schwellen- u. Entwicklungsländern. Vorwiegend die westlichen Industrieländer waren optimistisch, dass die Immobilen- u. Finanzkrise in den USA sie nicht sonderlich betreffen werde, da sie auf ihre stabilen Wirtschaft- u. Finanzsektoren vertrauten. „Die Krise schien in weiter Ferne: Sie galt, wie es Bundesfinanzminister Peer Steinbrück im Bundestag formulierte, als ein »amerikanisches Problem«."[3] Das Problem wurde bagatellisiert und es fand unter der Bevölkerung zunächst kaum Beachtung, doch dann drängte an diesem historischen Montag die Krise mit aller Macht in die Fernsehnachrichten und beherrscht seitdem die Titelseiten der Tageszeitungen. Die Folgen haben längst alle Gesellschaftsklassen erreicht und die Menschen sehen nun mit eigenen Augen, dass auch sie davon betroffen sind. Mittlerweile hat eine Debatte der Ökonomen darüber begonnen, was denn getan werden muss, um solche Krisen zukünftig zu vermeiden.

---

[1] Kapitalismus in der Krise, Hrsg. Beise, M./Schäfer, U., 2009, Vorwort, S. 8.
[2] Ebd.
[3] Ebd.

Ziel dieser Studienarbeit soll es sein, die stufenweise Entwicklung der jüngsten globalen Finanz- u. Wirtschaftskrise und deren Auswirkung aufzuzeigen sowie die bisherigen Gegenmaßnahmen am Beispiel Deutschlands und den USA näher zu beleuchten. Die Lösungsansätze der bis dato abgehaltenen „Weltfinanzgipfel" werden auch einen wichtigen Teil dieser Arbeit einnehmen.

Die Immobilien- und Finanzkrise in den USA

Seit dem finanziellen Niedergang von Lehman Brothers hält eine globale Krise die Welt in Atem und sie ist keine gewöhnliche Krise, denn es ist mehr als nur ein normaler Abschwung des Wirtschafts- u. Finanzsektors, der den Kapitalismus immer wieder in Krisen stürzte. „Was im Frühjahr 2007 am amerikanischen Immobilienmarkt begann, mit der Pleite von mehreren Millionen Hausbesitzern, hat sich geweitet: erst zu einer Krise am Kreditmarkt, dann zu einer Krise der Banken – und im Herbst 2008 zu einer zweiten Weltwirtschaftskrise."[4]

Demnach hat die globale Finanzkrise ihren Ursprung im amerikanischen Hypothekenmarkt. Volkswirtschaftlich problematisch war, dass am US-Immobilienmarkt zu viele Hypothekenkredite (Subprime-Kredite) an Schuldner zweitklassiger Bonität vergeben wurden, die sog. „faulen Kredite". Seit 10 Jahren war der amerikanische Immobilienmarkt stabil und profitabel, denn man konnte infolge des „Häuserbooms" hohe Renditen erzielen, was den deutschen Groß-, Landes- und Provinzialbanken sowie auch den anderweitigen Finanzinstitute weltweit sehr lukrativ erschien. Eine Menge von Banken überzeugten selbst die Kleinanleger in den Hypothekenmarkt zu investieren, obwohl das Risiko den Banken bekannt gewesen sein müsste.

„Durch die schrittweise Erhöhung des Leitzinses ab 2004 von 1% auf 5,25% stieg das Hypothekenzinsniveau an, wodurch die Immobilienpreise stagnierten. Die Anpassung der variablen Hypothekenkredite führte zu einem unerwarteten Zahlungsschock, welcher nicht mehr durch den Anstieg des Häuserpreises finanziert werden konnte. Daraus folgte letztendlich eine Vielzahl von Zwangsversteigerungen der beliehenen Immobilien. Die stark gestiegene Ausfallrate der Subprime-Kredite führte zu einem Überangebot an Häusern am Immobilienmarkt, wodurch der Preisverfall der Immobilien ausgelöst worden ist. Folglich mussten zahlreiche amerikanische Immobilienbanken hohe Abschreibungen geltend machen und letztlich in die Insolvenz gehen."[5] D. h. es investierten immer mehr Banken in

---

[4] Schäfer, U., Sorglos am Abgrund, in: Kapitalismus in der Krise, 2009, S. 12ff.
[5] http://www.finanzkrise-2008.de/ (Zugriff: 28.09.09, 11.29Uhr)

den Immobilienmarkt und die „spekulative Blase" wuchs weiter an, bis sie schließlich am 15. September 2008 platzte. Darauf folgte der Zusammenbruch des Hypothekenmarktes, wobei alle Anleger, ob Banken oder Privatleute, auf einen Schlag ihr investiertes Kapital verloren. Nun spüren die Menschen weltweit eine Krise, für die sie nichts können, die weit weg begann, zunächst in den Vororten von Kalifornien und Ohio und die nun auch sie erreicht. Banken können nur noch mit staatlicher Hilfe überleben und in Hinsicht auf die Bundesrepublik Deutschland ist das eigene Konto nur sicher dank einer beispiellosen Garantie, die die Kanzlerin und der Finanzminister gegeben hatten. Der Staat wird plötzlich wieder zum Garanten für Wohlstand und wirtschaftlicher Sicherheit, obwohl er lange als lästig galt, der die Wirtschaft einengte. Um die „Subprimekrise" einzudämmen versuchten Regierungen und Notenbanken mit Hilfen von Hunderten Millionen Dollar und Euro dem Debakel am Immobilien- u. Finanzmarkt entgegenzuwirken, doch bislang haben alle Maßnahmen nicht das gewünschte Ergebnis erreicht, da auf jede Welle der Krise, kaum das sie verebbt war, eine neue Welle folgte[6]. Zusätzlich kann gesagt werden, dass unser über Jahrzehnte hinweg bewährtes "kapitalistisches" Geldsystem und die damit verbundene Zins/Zinseszins-Mentalität die eigentlichen Ursachen der heutigen Finanzkrise sind und dass eine Bankenkrise (laut Expertenkreisen) längst überfällig war.

Die Finanzmarktkrise wird eine globale Wirtschaftskrise

Am Anfang waren sich alle Experten einig: Die Finanzmarktkrise bleibt vor allem eine Finanzmarktkrise und wird kaum Folgen für die reale Wirtschaft haben. Doch mittlerweile wachsen die Zweifel: Je länger die Krise dauert, umso größer werden die Auswirkungen auf Konjunktur, Beschäftigung und den Staatshaushalt. Die Internationale Arbeiterorganisation (ILO) schätzt, dass die Krise etwa 50 Millionen Jobs hinwegfegen könnte, denn die Finanzkrise ist schon längst von der Welt des Geldes auf die reale Wirtschaft übergesprungen und die Ökonomen rechnen mit der ersten Weltrezession seit dem Zweiten Weltkrieg sowie das sukzessive Schrumpfen des Welthandels[7].

Die jüngste Finanz- u. Wirtschaftskrise vollzieht sich etwa in der gleichen Form wie vor acht Jahrzehnten, zunächst gab es den „Börsencrash" an der Wall Street am 24. Oktober 1929, einen Tag später der „Crash" in Europa und erst eineinhalb Jahre nach dem „Schwarzen Donnerstag" in New York wurde Deutschlands Wirtschaft voll von der Krise erfasst. „Noch

---

[6] Schäfer, U., Sorglos am Abgrund, S. 14.
[7] Ebd. S. 13.

am 25. Oktober 1929 versicherte der US-Präsident Herbert Hoover, die Wirtschaft des Landes sei gesund; fast die gleichen Worte waren im Herbst 2008 von George W. Bush zu hören, als Lehman Brothers kollabierte."[8]

Die gegenwärtige Krise hat im Vergleich zu 1929-33 ein viel höheres Gefahrenpotenzial und sollte nicht bagatellisiert werden, denn das derzeitige Finanzsystem ist ungleich verworrener und die Instrumente, mit denen die Finanzinstitute handeln, sind wesentlich komplizierter als vor 80 Jahren. Die Entwicklung der momentanen Krise lässt sich wie folgt darstellen: zuerst war es eine amerikanische Immobilienkrise, die sich zu einer Finanzkrise ausweitete, ferner sprang sie dann auf die Realwirtschaft über und breitete sich als globale Finanz- u. Wirtschaftskrise rasant über die ganze Welt aus.

Die verschiedenartigen Auswüchse der neuen Weltwirtschaftskrise

Wie sehen die ungleichen Auswirkungen der globalen Finanz- u. Wirtschaftskrise aus? Die negativen Schlagzeilen sprechen teilweise vom Krisenjahr 2009, denn in ausnahmslos allen OECD[9]-Mitgliedstaaten werde in den kommenden Monaten die Arbeitslosigkeit kräftig ansteigen und erst Anfang 2011 ihren Höhepunkt erreichen, prognostizieren Wirtschaftswissenschaftler. Die Bundesagentur für Arbeit gab zum Anfang der Krise bekannt, Unternehmen in Deutschland hätten von November 2008 bis Februar 2009 für 1,6 Millionen Beschäftigte Kurzarbeit angemeldet. Dies sei das 26-fache des entsprechenden Vorjahreszeitraums. Ebenfalls geht der OECD-Bericht von einem drastischen Anstieg der Arbeitslosigkeit 2009 aus, der sich auch 2010 fortsetzen werde. In immer kürzeren Zeitfolgen müssen die offiziellen Prognosen über den Wirtschaftseinbruch in Deutschland korrigiert werden. Die weltweite Finanz- und Wirtschaftskrise hat weitaus schlimmere Auswirkungen als bisher angenommen wurde. Auch eine rasante Staatsverschuldung sieht die OECD auf Deutschland zukommen. Das Staatsdefizit werde in diesem Jahr auf 4,5 Prozent und 2010 auf gar 6,8 Prozent ansteigen. Die Welthandelsorganisation WTO sagte einen Einbruch des Welthandels um neun Prozent voraus, das wäre der größte Rückgang seit dem Ende des Zweiten Weltkriegs. Bereits in der zweiten Jahreshälfte 2008 habe sich der Welthandel drastisch verlangsamt. Deutschland ist aufgrund seiner hohen Exportabhängigkeit von dieser Entwicklung am stärksten betroffen.

---

[8] Ebd. S. 14ff.
[9] *Organization for Economic Cooperation and Development* (Organisation für wirtschaftliche Zusammenarbeit und Entwicklung).

Der Deutsche Außenhandelsverband erwartet in diesem Jahr einen Rückgang der Exporte um bis zu 15 Prozent – fast doppelt so viel wie bisher geschätzt. Angesichts dieser Entwicklung verschlechtern sich die Lebensbedingungen großer Teile der Bevölkerung dramatisch.[10] Die Diskrepanz der Bevölkerung zwischen der gefühlten Krise und den dramatisch schlechten ökonomischen Daten wird schnell vorübergehen. „In ein paar Monaten wird die Krise am Arbeitsmarkt voll durchschlagen. Hunderttausende werden arbeitslos. Bis Ende 2010 könnte die Zahl der Arbeitslosen um mehr als 1,5 Millionen wachsen. In vielen Privathaushalten, die auf die Krise jetzt noch erstaunlich gelassen reagieren, wird Verzweiflung herrschen."[11]

Die Folgen der internationalen Wirtschaftskrise bekommen durch die inzwischen verschärften Auflagen bei der Kreditvergabe nun fast alle deutschen Unternehmen zu spüren.

Ein Jahr nach dem „Schwarzen Montag" stellt sich vor allem eine drängende Frage: Wer soll die Zeche zahlen? Wer steht am Ende für die Kosten dieser Krise gerade? Für die Bundesregierung ist die Antwort klar: Es müssen die zur Verantwortung gezogen werden, die den Schaden mit verursacht haben. Welche Maßnahmen hier ergriffen werden können, wird auch international diskutiert.[12]

Die bis jetzt unternommenen Gegenmaßnahmen der jeweiligen Staaten um die globale Finanz- u. Wirtschaftskrise einzudämmen und abzufedern, bergen ein großes Risiko in sich, denn die Staatsverschuldung wächst ins unermessliche, d.h. die Staaten gehen nach und nach Pleite. Das Handelsdefizit wächst und trifft vorwiegend die Entwicklungs- u. Schwellenländer besonders hart, da diese Staaten als einzige Einnahmequelle meist nur über ein Export-Produkt verfügen oder sehr stark von der Tourismus- u. Freizeitindustrie abhängig sind. Das gilt besonders für die afrikanischen Staaten. Die einzigen Einkommensquellen für die EL u. SL werden im Verlauf der Krise sukzessiv versiegen. Was für alle betroffenen Staaten momentan gleichsam gilt, ist die sehr hohe Belastung des Sozialsystems (falls eines existiert), was natürlich mit der steigenden Arbeitslosenproblematik einhergeht. In Anbetracht der globalen Ausdehnung der Krise haben beispielsweise die Länder in Lateinamerika keine Absatzmärkte mehr und somit sinkt deren BIP[13], der mit dem Export stark verbunden ist, d. h. vorwiegend betroffen sind die Auto-, Elektro- u. Baubranchen. Aufgrund der aktuellen Wirtschaftskrise gibt es kaum noch Investitionen von großen Unternehmen in Lateinamerika, was zur Folge hat, dass eine der wichtigsten Einkommensquellen dieser Staaten allmählich

---

[10] Weller, L., Dramatische Auswirkungen der Wirtschaftskrise, 2009.
http://www.wsws.org/de/2009/apr2009/kris-a02.shtml
[11] Ebd.
[12] http://www.bundesfinanzministerium.de/nn_54/sid_41F7076FC52E148BBD0B9C8734E2F149/DE/
Buergerinnen__und__Buerger/Gesellschaft__und__Zukunft/finanzkrise/090915__1Jahr__FK.html?__nnn=true
[13] Bruttoinlandsprodukt

versiegt. Und anstatt den lateinamerikanischen Staaten unterstützende Maßnahmen zukommen zulassen, geschieht genau das Gegenteil, ihnen wird noch der finanzielle Boden unter den Füßen weggerissen, indem Aktienverkäufe getätigt werden, um damit woanders, z. B. in Europa, die „Finanzlöcher", die infolge der Krise entstanden sind, zu stopfen. Ein ganz anderes Bild zeichnet sich beispielsweise in Asien ab, wo die Auswirkungen der jüngsten Weltwirtschaftskrise auch zu spüren sind, aber nur in einer abgeschwächten Form. Beispielsweise hat die Volksrepublik China sich in der Rangliste der wirtschaftsstärksten Länder „hinter den USA weltweit auf den 2. Platz nach vorn geschoben"[14], was einen entscheidenden Vorteil gegenüber den schwächeren Staaten bringt, denn China hat dadurch die Möglichkeit, die Auswirkungen der Krise besser in den Griff zu bekommen. Der primäre Sektor (Landwirtschaft) spielt eine herausragende Rolle in China, was ersichtlich wird wenn man bedenkt, dass die Volksrepublik als größter globaler Exporteur von landwirtschaftlichen Erzeugnissen gilt. Seit dem Zeitpunkt, als die Finanz- u. Wirtschaftskrise auch China erreichte, sind die Steuereinnahmen des Landes zurückgegangen, dennoch erwirtschaftete China 2008 immer noch ein Überschuss von 100 Milliarden US-Dollar. Ferner erreichte China 2008 den Höchststand seines Exportwesens, das bis dato jedoch stark abgesunken ist, was aus der derzeitigen schlechten wirtschaftlichen Lage der anderen Industriestaaten resultiert.

Die verschiedenartigen Auswüchse der Krise zeigen, dass so gut wie alle Staaten der Welt mehr oder minder von der neuen Weltwirtschaftskrise bereits in irgendeiner Form erfasst worden sind und immer noch mit den Auswirkungen zu kämpfen haben.

Gegenmaßnahmen der betroffenen Staaten: am Beispiel Deutschlands und den USA

Eingehend kann gesagt werden „nie ging es uns so gut wie heute. Das verdanken wir der entfesselten Marktwirtschaft. Doch der Erfolg hat seinen Preis. Jetzt spüren wir die Krise."[15] Die Gegenmaßnahmen der betroffenen Staaten, um der Finanz- u. Wirtschaftskrise Herr zu werden, stellen gleichzeitig den Kampf für die „Rettung des Kapitalismus" dar. Warum soll überhaupt der Kapitalismus gerettet werden? Sollte man der Geschichte nicht ihren Lauf lassen, so wie bei bereits anderen untergegangenen Gesellschaftsformen? Ist der Kapitalismus überhaupt rettungswürdig, wenn infolge dieses Systems die Schere zw. Arm und Reich immer größer wird? Ist der Kapitalismus das angeblich beste Gesellschaftssystem, wie es viele

---

[14] http://www.visavis.de/modules.php?name=News&file=article&sid=4055
[15] Hank, R., Ist der Kapitalismus noch zeitgemäß? F.A.Z. vom 30.März 2009.

Stimmen prognostiziert haben und immer noch tun? Das Beispiel Deutschland zeigt deutlich, dass die Regierungen der betroffenen Staaten versuchen, der kapitalistischen Krise entgegenzusteuern, mit dem Versuch, die Wirtschaft anzukurbeln und den Bankensektor durch staatliche Hilfsmittel zu stabilisieren und abzusichern. Die deutsche Wirtschaft steht in diesem Jahr vor dem größten Belastungstest seit der Wiedervereinigung. Bei der Bewältigung der Krise folgt die Bundesregierung einer konjunkturgerechten Wachstumspolitik, also einer Politik, die das wachstumspolitisch Richtige mit dem konjunkturpolitisch Erforderlichen kombiniert[16]. Die deutschen Konjunkturpakete I u. II sahen wie folgt aus: „Das Maßnahmenpaket der Bundesregierung vom 5. November 2008 fördert Investitionen und Aufträge von Unternehmen, privaten Haushalten und Kommunen in einer Größenordnung von rund 50 Milliarden Euro [...] Darüber hinaus gewährleisten Maßnahmen zur Sicherung der Finanzierung und Liquidität bei Unternehmen die Finanzierung von Investitionen im Umfang von gut 20 Milliarden Euro."[17] Mit dem zweiten Konjunkturpaket hatte der Bundestag und Bundesrat „allen notwendigen Gesetzesänderungen zugestimmt. Seit dem 5. und 6. März 2009 gelten Regelungen, die die Bundesregierung am 14.Januar 2009 für das zweite Konjunkturpaket verabschiedet hat – den so genannten Pakt für Beschäftigung und Stabilität. Dieser Pakt umfasst mehrere Maßnahmen mit einem Umfang von 50 Milliarden Euro. Damit gibt die Bundesregierung wichtige Impulse zur Stützung der Binnenkonjunktur und zur nachhaltigen Stärkung des Landes."[18] Hinzu kam noch die Umweltprämie („Abwrackprämie"), die das Bundeskabinett am 8. April 2009 um weitere 3,5 Milliarden Euro aufstockte[19], zur weiteren Stärkung der Wachstumskräfte und zur Sicherung von Arbeitsplätzen und Fachkräften. Ebenfalls sollte sie den Absatzmarkt der Automobilhersteller ankurbeln, was auch kurzfristig gelang. Doch nun ist der „Geldtopf" für die staatliche Umweltprämie bis zum Jahresende aufgebraucht und die Automobilhersteller rechnen schon in den nächsten Monaten mit finanziellen Einbrüchen.

Für die Sicherung des Finanzsektors wurde vom Bund ein staatliches 500-Milliarden-Rettungspaket eingerichtet. Das größte Rettungspaket der Bundesrepublik seit der deutschen Nachkriegszeit geht mit der Teilverstaatlichung der Banken einher, die das Paket in Anspruch nahmen oder noch werden. Ein gutes Beispiel dazu wäre die bevorstehende Vollverstaatlichung der insolventen „Hypo Real Estate". Die hier erwähnten Aufzählungen der Gegenmaß-

---

[16] http://www.bmwi.de/BMWi/Navigation/Wirtschaft/wirtschaftspolitik,did=211396.html
[17] http://www.bmwi.de/BMWi/Navigation/Wirtschaft/Konjunktur/konjunkturpaket-1.html
[18] http://www.bmwi.de/BMWi/Navigation/Wirtschaft/Konjunktur/konjunkturpaket-2.html
[19] http://www.bmwi.de/BMWi/Navigation/Wirtschaft/Konjunktur/Konjunkturpaket-2/umweltpraemie.html

nahmen stellen nur einen Überblick der wichtigsten Regelungen dar, aber nicht die Gesamt-
heit der bis dato geleisteten staatlichen Hilfsmaßnahmen der Bundesrepublik.

Ähnlich sehen die Gegenmaßnahmen der USA aus, die 2008 mit der Teilverstaatlichung
vieler Banken ein Beitrag zur Stärkung des Vertrauens in das Bankensystem erreichen wollte.
Mit rund 700 Milliarden Dollar will die Regierung der angeschlagenen Finanzbranche „faule
Kredite" abkaufen und sie damit entlasten. Zuvor hatte sich die US-Regierung bereits am
Versicherungsriesen AIG beteiligt und ihm einen Kredit von 85 Milliarden Dollar gewährt[20].
„In einem ersten Entwurf des 700 Mrd. US-Dollar schweren US-Rettungspakets war lediglich
der Ankauf illiquider Wertpapiere vorgesehen. Mitte Oktober (2008) kündigte das US-Finanz-
ministerium dann an, auch Vorzugsaktien von größeren Banken im Umfang von 250 Mrd.
US-Dollar kaufen zu wollen. Damit solle die Kapitalbasis der Banken gestärkt werden. Das
Geld für die staatlichen Beteiligungen stammt aus dem vom US-Kongress beschlossenen
Rettungsplan, mit dem auch "toxische" Wertpapiere aufgekauft werden sollen. […] Gemessen
am Bruttoinlandsprodukt ist das Rettungspaket in Deutschland wohl am schwersten
ausgefallen – allerdings haben noch nicht alle Staaten ein Volumen ihrer Maßnahmenpakete
bekannt gegeben. Das von Berlin geschnürte Paket beläuft sich gemessen am Bruttoinlandsprodukt auf gut 20%, während jene von Paris, London und Madrid mit 19%, 18% bzw. 14%
etwas moderater ausfallen. Die Maßnahmen der USA machen rund 5% des BIP aus."[21]
Im Rahmen der Krise wurden in den USA und Deutschland sog. Bad-Bank-Konzepte (Ab-
wicklungsbanken) eingeführt. In Deutschland wurde in diesem Jahr hierzu ein gesondertes
Kreditinstitut zur Aufnahme von Derivaten[22] und Zertifikaten von in Zahlungsschwierigkeiten
geratenen Emittenten[23] und zur Abwicklung Not leidender Kredite sanierungsbedürftiger
Banken geschaffen.

Um der wirtschaftlichen Krise entgegenzusteuern, verabschiedete der amerikanische Senat im
Februar 2009 seinen Entwurf für ein 800-Milliarden-Dollar-Konjunkturprogramm. Die US-
Notenbank Fed[24] wollte im März diesen Jahres eine Billion Dollar in die Wirtschaft pumpen
und vor allem Staatsanleihen aufkaufen. Die US-Regierung startete u. a. ein Hilfsprogramm
für die Autozulieferer im Umfang von fünf Milliarden US-Dollar. Diese ganzen Hilfsmaßnahmen spiegeln den energischen Kampf der Weltstaaten gegen die globale Finanz- u. Wirtschaftskrise wider und zeigen, dass sie bis dato zwar eingedämmt aber noch nicht vollends

---

[20] http://www.spiegel.de/wirtschaft/0,1518,583063,00.html
[21] http://www.finanznachrichten.de/nachrichten-2008-10/12084601-chronologie-die-finanzkrise-und-
massnahmen-zu-ihrer-zwei-015.htm
[22] auch Derivative genannt, sind gehandelte Rechte (z. B. an Börsen). Ihre Marktpreise werden von der
zukünftigen Entwicklung anderer Anlageinstrumente, wie z. B. Aktien, Devisen oder Anleihen, abgeleitet.
[23] Aussteller von Wertpapieren, die erstmals in Umlauf gebracht werden.
[24] *Federal Reserve System*: Zentralbanksystem der Vereinigten Staaten von Amerika.

ausgemerzt werden konnte. Die „Asiatische Entwicklungsbank" schätzt, dass die Krise bisher weltweit Vermögen in Höhe von 50 Billionen Dollar vernichtet hat (Stand März 2009)[25].

Lösungsansätze und vorbeugende Maßnahmen: u. a. die Weltfinanzgipfel der G 20-Staaten 2008 und 2009

Um die globale Finanz- u. Wirtschaftskrise abwehren zu können oder wenigstens die Auswirkungen auf die betroffenen Nationen klein zu halten, müssen die „[…] Regierungen, Notenbanken und Aufsichtsbehörden die richtigen Antworten finden: kurzfristig und langfristig"[26]. In den vorhergehenden erwähnten Gegenmaßnahmen werden diese Bemühungen der Staaten ersichtlich. „Kurzfristig muss alles getan werden, um einen abrupten Sturz in die Rezession zu verhindern: Die Regierungen müssen die Wirtschaft jetzt ankurbeln, wie es einst der Ökonom John Maynard Keynes empfahl. Mittelfristig müssen die Staaten zudem neue Regeln für den Kapitalismus entwerfen. Regeln, die über die Finanzmärkte hinausgehen. Die Staaten müssen dafür sorgen, dass für den Markt klare Grenzen gelten und Exzesse sich nicht häufen. Sie müssen dafür sorgen, dass jeder gleichermaßen Zugang zu Bildung hat und damit die Chance zum Aufstieg. Und sie müssen dafür sorgen, dass die Kluft zwischen Arm und Reich nicht zu sehr wächst."[27]

Die Lösungsansätze und vorbeugenden Maßnahmen in Bezug auf die Weltwirtschaftskrise gehen mit den Weltfinanzgipfeltreffen der G 20-Staaten einher. Seit Beginn der Krise haben die 20 wirtschaftlich stärksten Industrie- u. Schwellenländer der Welt drei Gipfeltreffen abgehalten, um gemeinsam die kapitalistische Weltwirtschaft zu stabilisieren und somit der globalen Krise geschlossen entgegenzutreten. Zunächst beschlossen die Staats- u. Regierungschefs der G 20-Staaten im November 2008 auf dem Weltfinanzgipfel in Washington einen Aktionsplan, der strengere Kontrollen der Märkte und Dutzende Sofortmaßnahmen vorsah. In der Abschlusserklärung wurde festgehalten: „Wir verpflichten uns zu gewährleisten, dass alle Finanzmärkte, Produkte und Akteure reguliert oder überwacht werden."[28] Demnach war das Ergebnis ein internationales Regelwerk für den Finanzmarkt, um die Gefahr einer erneuten globalen Finanzkrise zu vermeiden und jedes Teilnehmerland verpflichtete sich, die Maßnahmen in nationales Recht umzusetzen.

---

[25] http://www.tagesschau.de/wirtschaft/chronologiefinanzmarktkrise118.html
[26] Schäfer, U., Sorglos am Abgrund, in: Kapitalismus in der Krise, 2009, S. 15.
[27] Ebd.
[28] http://www.tagesschau.de/wirtschaft/weltfinanzgipfel118.html

Ein erneutes zusammentreffen der G 20-Staaten fand in London im April 2009 statt. Dort wollte man mit einem Bündel von Maßnahmen die Finanzkrise weiter bekämpfen. Neben Hilfen von 1,1 Billionen Dollar einigten sie sich, wie beim ersten Zusammentreffen, auf strengere Regeln für die internationalen Finanzmärkte, ferner wurde von den Teilnehmerstaaten beschlossen, mit besserer Aufsicht über Finanzkonzerne und -produkte künftigen Krisen vorzubeugen.[29]

Gegenwärtig fand Ende September der dritte Weltfinanzgipfel der G 20-Nationen, seit Anbeginn der globalen Krise, in Pittsburgh statt. Dabei berieten die Staats- und Regierungschefs „[…] über weitere Maßnahmen zur Stabilisierung der Wirtschaft und über die Reform des Finanzsektors. Schärfere Regeln für „Manager-Boni"[30] und Banken waren das Ergebnis"[31].

Insofern kann man sagen, dass es im Kampf gegen die globale Finanz- u. Wirtschaftskrise von Vorteil ist, international zusammenzuarbeiten, um gemeinsame Lösungen zu finden und vorbeugende Maßnahmen ergreifen zu können. Die Weltfinanzgipfel der G 20-Staaten zeigen, dass dieses Konzept des globalen Zusammenwirkens nicht die alles entscheidende Lösung darstellt, aber immerhin das Potenzial besitzt die Krise einzudämmen und dem Menschen ein wenig Gefühl von Sicherheit zu geben.

Fazit

Als am 15. September 2008 das amerikanische Finanzgefüge infolge der „Subprimekrise" zusammenbrach nahm der Rest der Welt diese Problematik nicht ernst genug. Erst als die amerikanische Finanzkrise globale Wellen schlug, erkannten sie, dass die Krise mehr oder minder jeden betraf. Denn viele Staaten waren durch Investitionen in den US-Immobilienmarkt Teil der „spekulativen Blase" geworden und als diese im Herbst 2008 platzte, verloren die Investoren in wenigen Sekunden ihr eingesetztes Kapital. Sofort wurden Rettungspakete für Banken sowie Konjunkturpakete für die Wirtschaft geschnürt, um die Wucht, mit der die neue Weltwirtschaftskrise die Saaten der Erde erschüttert, abzufangen. Im Endeffekt müssen diese milliardenschweren Rettungspakete vom Steuerzahler getragen werden und in Anbetracht des bevorstehenden weltweiten Verlustes von Millionen Arbeitsplätzen wird es ein großes Problem für die Regierungen darstellen diese Gelder weiter aufzubringen. Kurzum:

---

[29] http://www.tagesschau.de/wirtschaft/weltfinanzgipfel242.html
[30] Bonuszahlungen für Top-Manager.
[31] http://www.tagesschau.de/wirtschaft/pittsburgh118.html

auf die jüngste Weltwirtschaftskrise folgte „[…] erst der Konjunkturschub, dann eine schwierige Wegstrecke: Zwar werden Deutschland und die Welt nach der schwersten Rezession seit dem Zweiten Weltkrieg schneller als erwartet zum Wachstumskurs zurückkehren. Danach droht laut Internationalem Währungsfonds jedoch ein steiler Anstieg der Arbeitslosigkeit."[32] Die Finanzkrise erschüttert die Wirtschaft in einem Ausmaß, das die Welt seit 80 Jahren nicht mehr erlebt hat. Die entfesselte Marktwirtschaft ist gescheitert und die daraus resultierenden Folgen stellen eine Gefahr für unsere Gesellschaft dar. Sie driftet auseinander, die Kluft zwischen Reich und Arm wächst und die Mittelschicht packt die Angst vor dem Abstieg. Die Prognosen über die Krise gehen weit auseinander, während sich die einen längst wieder zurückgelehnt haben und sicher sind, dass die Finanzkrise vorbei ist, bereiten sich die anderen auf die nächste womöglich noch größere Krise vor. Seitdem feststeht, dass jeder von der Krise in irgendeiner Form betroffen ist, ob nun Staaten, Gesellschaftsklassen, Unternehmen oder einzelne Individuen, spielt in diesem Fall keine Rolle, auch wenn die Krise einige schwerer trifft als andere, muss das vorrangige Ziel der globalisierten Welt sein, die neue Weltwirtschaftskrise mit allen zur Verfügung stehenden Mitteln zu bekämpfen. Die drei Weltfinanzgipfel von 2008 und 2009 sind das beste Beispiel für länderübergreifendes Zusammenwirken in Krisenzeiten, selbst wenn die beschlossenen Maßnahmen zum größten Teil auf langfristige Erfolge ausgelegt sind. Das ausschlaggebende der G 20-Beschlüsse beruht auf der einheitliche Regelung und Reform des immer undurchsichtigeren Finanzsystems, mit dem Ziel der Weltwirtschaft ihre Stabilität wieder zu verleihen sowie beständig zu sichern, damit sich eine solche globale Krise, wie sie sich derzeitig ereignet, nicht noch einmal vollziehen kann. Das kann nur mit einem internationalen Regelwerk, das die Spielregeln für den globalen Finanzsektor vorgibt, erreicht werden. Abschließend kann gesagt werden, dass die USA aufgrund ihres dynamischen sowie riskantem Finanzsystems eher in die Krise gerutscht sind, aber vermutlich auch wieder schneller herauskommen werden als Deutschland, das mit seiner Variante des Finanzsystems zwar im Gegensatz zum amerikanischen Exesse im Finanzmarkt unterbindet, aber dafür oft auch Dynamik vermissen lässt. „Deutschland wird 2009 seinen Weg nicht ohne die USA machen können, und umgekehrt geraten in New York und Washington Vorsichts-Prinzipien in den Blick, für die man bisher die „alte Welt" belächelt hatte."[33]

---

[32] http://www.tagesschau.de/wirtschaft/chronologiefinanzmarktkrise132.html
[33] Beise, M., Angebot und Nachfrage, in: Kapitalismus in der Krise, 2009, S. 203.

13

Quellenverzeichnis

Beise, M./Schäfer, U.: Kapitalismus in der Krise: Wie es zur großen Krise kam, wie ernst die Gefahr wirklich ist und wie sich die Probleme lösen lassen. München 2009.

Bofinger, P.: Ist der Markt noch zu retten?: Warum wir jetzt einen starken Staat brauchen. Berlin 2009.

Hank, R.: Ist der Kapitalismus noch zeitgemäß? F.A.Z. vom 30.März 2009.

Harvey, D.: Der Finanzstaatsstreich: Ihre Krise, unsere Haftung. In: Blätter für deutsche und internationale Politik 7/2009.

Krugman, P.: Die neue Weltwirtschaftskrise, Originaltitel: The Return of Depression Economics and the Crisis of 2008. Frankfurt am Main 2009.

Nuhn, H.: Globalisierung und Regionalisierung im Weltwirtschaftsraum. In: Geogr. Rundschau 49, S 136-143.

Raddatz, H.-P.: Der Absturz: Anatomie einer Systemkrise. 1. Aufl., Berlin 2009.

Schäfer, U.: Der Crash des Kapitalismus: Warum die entfesselte Marktwirtschaft scheiterte. Frankfurt am Main 2009.

Schätzl, L.: Wirtschaftsgeographie 1 Theorie, 9. Auflage, Paderborn 2003.

Stiglitz, J.: Die Schatten der Globalisierung. Berlin 2002.

Internetquellen

Bundesministerium der Finanzen
http://www.bundesfinanzministerium.de/DE/BMF__Startseite/node.html?__nnn=true
(Zugriff: 03.09.09)

Bundesministerium für Wirtschaft und Technologie
http://www.bmwi.de/BMWi/Navigation/root.html
(Zugriff: 03.09.09)

http://www.finanzkrise-2008.de/
(Zugriff: 05.09.09)

http://www.wsws.org/de/2009/apr2009/kris-a02.shtml
(Zugriff: 05.09.09)

http://www.visavis.de/modules.php?name=News&file=article&sid=4055
(Zugriff: 06.09.09)

http://www.spiegel.de/
(Zugriff:10.09.09)

http://www.finanznachrichten.de/
(Zugriff: 19.09.09)

http://www.tagesschau.de/finanzkrise/
(Zugriff: 21.09.09)